优秀技术工人
百工百法丛书

洪家光工作法

典型产品车削加工

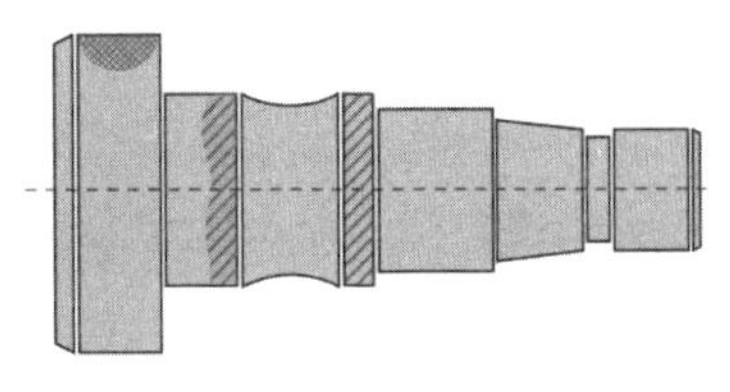
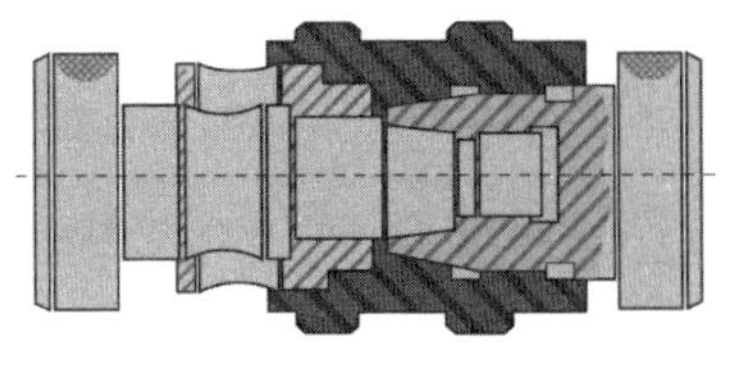

中华全国总工会 组织编写

洪家光 著

中国工人出版社

技术工人队伍是支撑中国制造、中国创造的重要力量。我国工人阶级和广大劳动群众要大力弘扬劳模精神、劳动精神、工匠精神，适应当今世界科技革命和产业变革的需要，勤学苦练、深入钻研，勇于创新、敢为人先，不断提高技术技能水平，为推动高质量发展、实施制造强国战略、全面建设社会主义现代化国家贡献智慧和力量。

——习近平致首届大国工匠创新交流大会的贺信

优秀技术工人百工百法丛书

编委会

优秀技术工人百工百法丛书

国防邮电卷

编委会

序

党的二十大擘画了全面建设社会主义现代化国家、全面推进中华民族伟大复兴的宏伟蓝图。要把宏伟蓝图变成美好现实，根本上要靠包括工人阶级在内的全体人民的劳动、创造、奉献，高质量发展更离不开一支高素质的技术工人队伍。

党中央高度重视弘扬工匠精神和培养大国工匠。习近平总书记专门致信祝贺首届大国工匠创新交流大会，特别强调“技术工人队伍是支撑中国制造、中国创造的重要力量”，要求工人阶级和广大劳动群众要“适应当今世界科技革命和产业变革的需要，勤学苦练、深入钻研，勇于创新、敢为人先，不断提高技术技能水平”。这些亲切关怀和殷殷厚望，激励鼓舞着亿万职工群众弘扬劳模精神、劳动精神、工匠精神，奋进新征程、建功新时代。

近年来，全国各级工会认真学习贯彻习近平总书记关于工人阶级和工会工作的重要论述，特别是关于产业工人队伍建设改革的重要指示和致首届大国工匠创新交流大会贺信的精神，进一步加大工匠技能人才的培养选树力度，叫响做实大国工匠品牌，不断提高广大职工的技术技能水平。以大国工匠为代表的一大批杰出技术工人，聚焦重大战略、重大工程、重大项目、重点产业，通过生产实践和技术创新活动，总结出先进的技能技法，产生了巨大的经济效益和社会效益。

深化群众性技术创新活动，开展先进操作

法总结、命名和推广，是《新时期产业工人队伍建设改革方案》的主要举措。为落实全国总工会党组书记处的指示和要求，中国工人出版社和各全国产业工会、地方工会合作，精心推出“优秀技术工人百工百法丛书”，在全国范围内总结100种以工匠命名的解决生产一线现场问题的先进工作法，同时运用现代信息技术手段，同步生产视频课程、线上题库、工匠专区、元宇宙工匠创新工作室等数字知识产品。这是尊重技术工人首创精神的重要体现，是工会提高职工技能素质和创新能力的有力做法，必将带动各级工会先进操作法总结、命名和推广工作形成热潮。

此次入选“优秀技术工人百工百法丛书”作者群体的工匠人才，都是全国各行各业的杰出技术工人代表。他们总结自己的技能、技法和创新方法，著书立说、宣传推广，能让更多人看到技术工人创造的经济社会价值，带动更多产业工人积极提高自身技术技能水平，更好地助力高质量发展。中小微企业对工匠人才的孵化培育能力要弱于大型企业，对技术技能的渴求更为迫切。优秀技术工人工作法的出版，以及相关数字衍生知识服务产品的推广，将对中小微企业的技术进步与快速发展起到推动作用。

当前，产业转型正日趋加快，广大职工对于技术技能水平提升的需求日益迫切。为职工群众创造更多学习最新技术技能的机会和条件，传播普及高效解决生产一线现场问题的工法、技法和创新方法，充分发挥工匠人才的“传帮带”作用，工会组织责无旁贷。希望各地工会能够总结、命名和推广更多大国工匠和优秀技术工人的先进工作法，培养更多适应经济结构优化和产业转型升级需求的高技能人才，为加快建设一支知识型、技术型、创新型劳动者大军发挥重要作用。

中华全国总工会兼职副主席、大国工匠

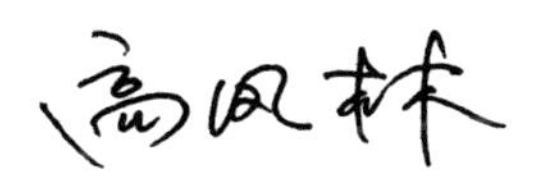

作者简介
About The Author

洪家光

1979 年出生，大学学历，现任中国航发沈阳黎明航空发动机有限责任公司叶片加工厂车工首席技师，劳模创新工作室领衔人，党的二十大代表。先后获得“全国优秀共产党员”“全国劳动模范”“大国工匠年度人物”“中华技能大奖”“全国五一劳动奖章”“全国创新争先奖状”等 60 余项殊荣。

航空发动机是国之重器，是国家科技实力和创新能力的重要体现。洪家光在航空发动机专用工艺装备研制生产岗位上创新进取、勇攀高峰，带领团队研制出叶片专用金刚石滚轮工具，该成果获得了国家科技进步奖二等奖。他在解决航空产品专用工艺装备研制关键问题方面作出了贡献，是新时代产业工人的杰出代表。

工/匠/寄/语

作为工匠，我深知每一个产品都凝聚着心血与汗水。愿我们都能以匠心独运，传承技艺，打造精品之作，不负时光，不负匠心。

洪家光

目　录
Contents

引 言
Introduction

技能人才尤其是高技能人才，是推动技术创新和实现科技成果转化不可缺少的重要力量。随着我国工业经济的高质量发展，在未来几年及更长时期内，必将需要大批高素质的产业工人。在航空企业中，最基础也是最重要的当属技能人才的培养。

为将车削加工中较典型零件的最优加工方法进行系统总结，作者提炼多年实践积累的经验和绝活技巧，为车削加工操作者提供，以实现技能和知识传承。

本书的特点是：覆盖面广、典型性强、突出绝技绝活。本书共收集和筛选 3 个典型案例，每个案例的加工都是笔者绝技绝活的展示，是笔者长期工作实践的累积。

本书在编写过程中始终贯穿“以综合职业能力培养为核心”的理念，采用了理论教学与技能操作融会贯通的一体化课程教学改革编写方式。每个案例按职业功能分为3个学习活动单元，即“零件的工艺难点分析”“零件的加工”“零件的测量及误差分析”。从分析航空零件结构、材料特点入手，找出典型案例的加工难点；依据工艺规程确定车削方法，并进行相应的加工准备；详细阐述了零件的车削加工步骤与技巧、零件的测量方法、产生误差的原因及解决措施等，重点突出作者的绝技绝活。

虽然我们在编写本书过程中尽了很大努力，但难免存在不足之处，诚恳地希望同行和读者朋友批评指正。

第一讲

异型胶模的车削加工简介

异型胶模是一种用来加工特种橡胶密封圈的模具，一般由上模、中模、下模三部分组成，在结构及精度上都有严格要求，以保证能够加工出合格的密封圈产品。本讲内容从异型胶模的工艺难点分析、加工过程两个方面来介绍异型胶模的加工技巧。

一、异型胶模的工艺难点分析

1. 零件图及加工难点分析

（1）零件图

复杂异型胶模（俗称“狗牙胶模”）是一种回转体小孔内型腔型面，形状复杂（见图 1），通常分为上模、中模、下模，对于一模多腔的都有上下模板，带有合模销定位，常见的有一模两腔、四腔、六腔等。其尺寸精度 ±0.01mm，不能超差，否则不能密封，且要求型面转接圆滑，否则就会有飞边，这就要求模具达到尺寸精度，结合

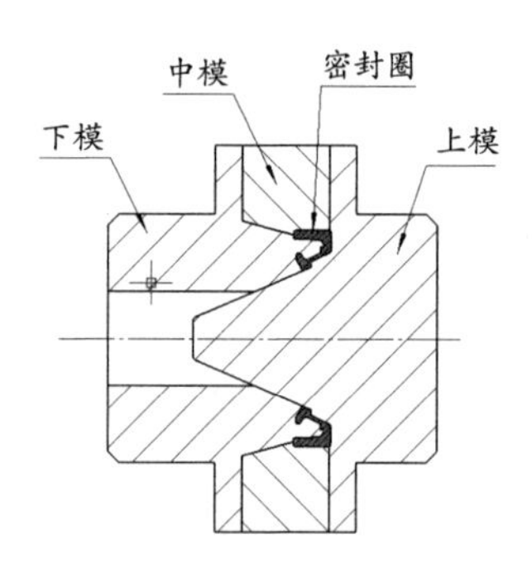

图 1　模具装配示意图

面完全密合，表面粗糙度达到 *Ra*0.2 μm。由于该模具的下模属于回转体小孔内型腔型面，型腔属于曲面且有 R 形锥面和窄槽，形状较为复杂，加工难度大，故此次学习任务只探讨模具下模（见图 2）的加工方法。

（2）零件加工难点分析

①以前我们通常采用普通车床加工胶模，用样板控制型面的加工难度非常大，加工质量不稳定，生产效率较低。

②由于小孔加工刀杆没有强度，加工难度非

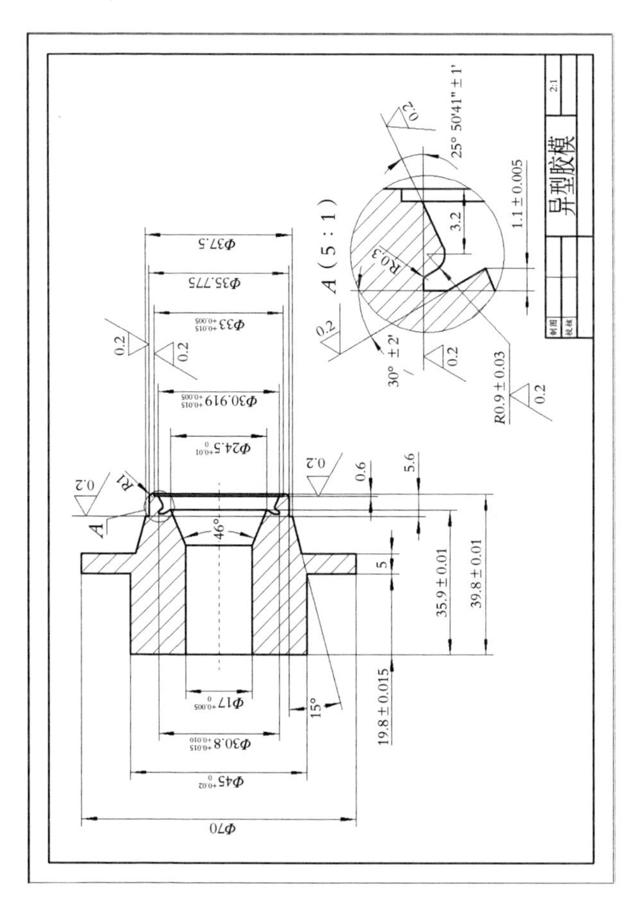

图 2　异型胶模下模零件图

常大，型腔属于曲面且有 R 形锥面和窄槽。该类零件一般选用高速钢材料作为刀具，成型刀需要用线切割或慢走丝机床切出，制造成本高；刀具使用时也不能进行互换，一种刀具只能加工一种型面，采用成型车刀加工方法加工内腔，成本很高，且加工周期较长。如果采用刚性不足的一般刀杆车削加工，会出现振动、表面粗糙度超差等现象。

③如果采用普通车床加工该零件，会对操作工人的技能水平提出非常高的要求。然而，随着近年来技能工人老龄化日趋严重，目前公司能掌握该技术的操作工人已寥寥无几。

2. 下模零件的加工方案

（1）采用一种异型胶模数控车加工方法来代替普通车床加工胶模的方法。

（2）采用解体加工方式。因下模内型是小孔径，整体加工不易下刀，故采用解体加工方式，分成内套、外套分别加工，各自保证加工精度，用销钉组立，保证相对位置，如图 3 所示。

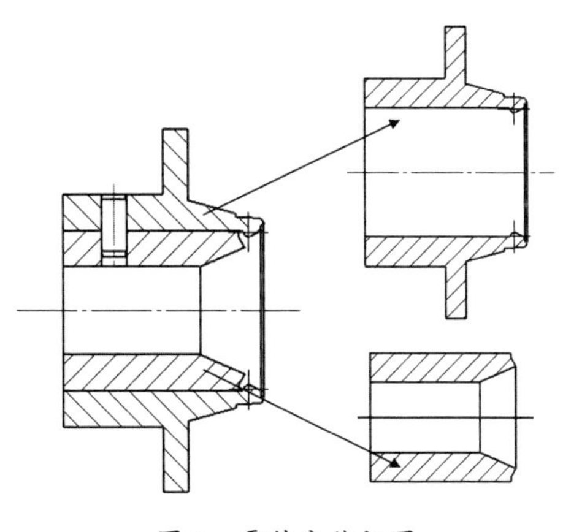

图 3　零件分体视图

（3）由图 3 可以看出：零件分体后，其内套结构形状比较简单，加工后易保证精度，其加工过程不做介绍。下面重点介绍外套的数控车削加工工艺及数控车削方法。

二、异型胶模下模的车削加工

1. 异型胶模下模的车削加工要求

在加工之前应做好相应的准备，具备一定的操作能力，能解决加工过程中遇到的一般问题，方可进行实际操作加工。

（1）能根据异型胶模图样，了解工艺规程、分析加工步骤。

（2）能按图样要求，测量毛坯外形尺寸，判断毛坯是否合格。

（3）能正确利用三爪卡盘装夹工件，并对其进行找正。

（4）能正确规范地装夹可转位机夹刀具。

（5）能正确选择该零件的数控对刀点。

（6）能准确将多把刀具对刀精度提高到 0.001mm。

（7）能正确选择合理的切削用量，并能正确合理地使用切削液。

（8）对在加工过程中出现的常见问题，及时找出解决办法。

（9）能够正确编制数控程序，并将多个程序串联在一起。

2. 异型胶模下模外套、内套的数控车削加工（见图4、图5）

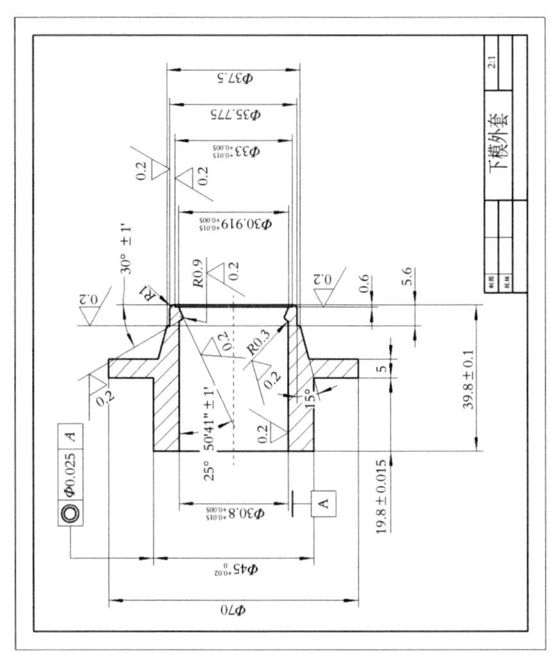

图4　异型胶模下模外套零件图

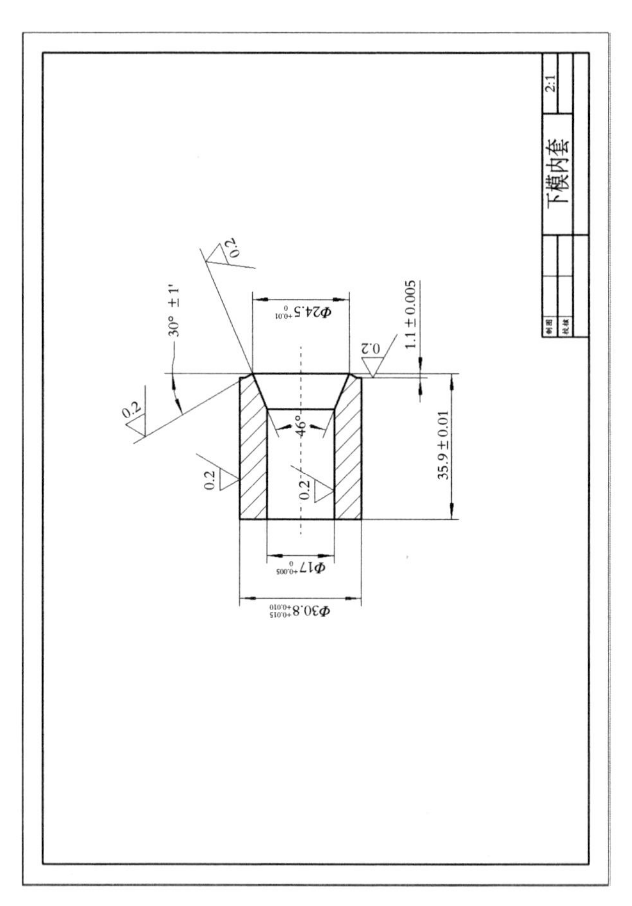

图5 异型胶模下模内套零件图

加工步骤及程序（见表1、表2）。

表1　下模外套加工工序

工序名称	工序内容	图例
粗车	夹具：三爪自定心卡盘 机床：CA6140 （1）车端面。 （2）钻孔，保证尺寸④。 （3）车外圆①。 （4）车外圆②，保证尺寸③。 （5）调头装夹。 （6）车端面，保证尺寸⑤。 （7）车外圆⑥，保证尺寸⑦。	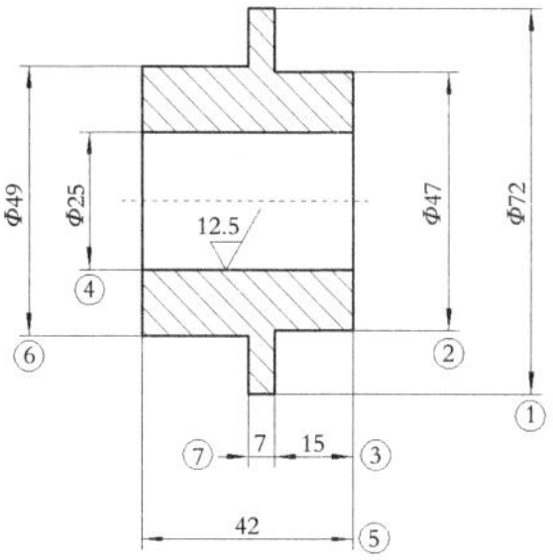 Φ49 Φ25 12.5 Φ47 Φ72 ④ ⑥ ② ① ⑦ 7 15 ③ 42 ⑤
车右端面、右外型面及内型面	装夹工件： 基准：*A*、*B*　夹紧：*A* 夹具：三爪自定心卡盘 所用刀具： 刀杆：SVJBL2525M16 刀片：VBMT160404LF KC5010 （1）车右端面及右外型面，保证尺寸①～⑨。 数控车床加工，程序如下： O0001 N10　M03 S800 T0101;	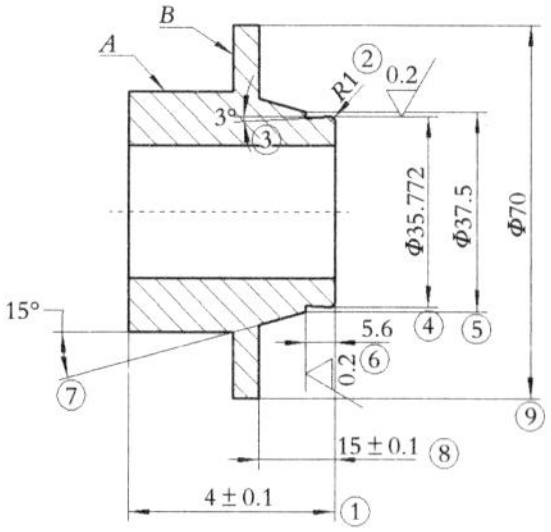 B A ② R1 0.2 3° ③ Φ35.772 Φ37.5 Φ70 15° 5.6 ④ ⑤ 0.2 ⑥ ⑦ ⑨ 15±0.1 ⑧ 4±0.1 ①

续 表

工序名称	工序内容	图例
车右端面、右外型面及内型面	N20 M08; N30 G40; （2）车内型面 车内型面，保证尺寸①～④。 所用刀具： 刀杆：A16Q-SDQCR07 D200 刀片：DCGT070202R-W10 NS530 车内型面，保证尺寸⑤～⑧。 所用刀具： 刀杆：A16Q-SDZCR07-D220 刀片：DCGT070202R-W10 NS530	内型面按照“先粗后精、从右向左”的顺序镗削内孔型腔。由于内孔型腔不能用一把刀具加工，需要两把以上刀具，这就要求两把刀具对刀时准确定位精度。这也是该零件加工的关键点。 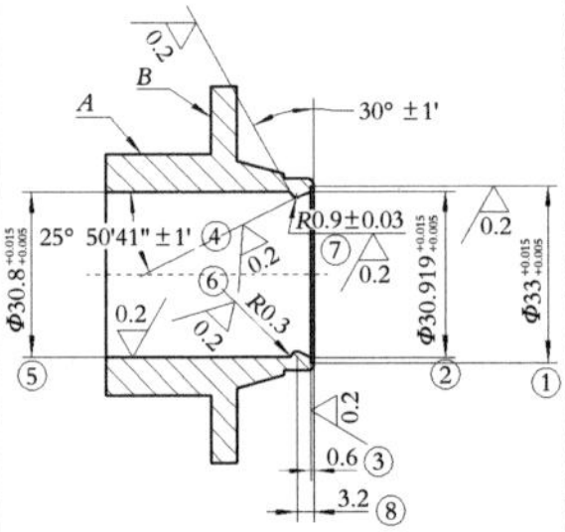

续　表

工序名称	工序内容	图例
车左端面及外圆	装夹工件： 基准：*A*、*B*　夹紧：*A* 夹具：专用夹具——扇形卡爪 所用刀具： 刀杆：SVJBL2525M16 刀片：VBMT160404LF KC5010 车端面及外圆，保证尺寸①②③。	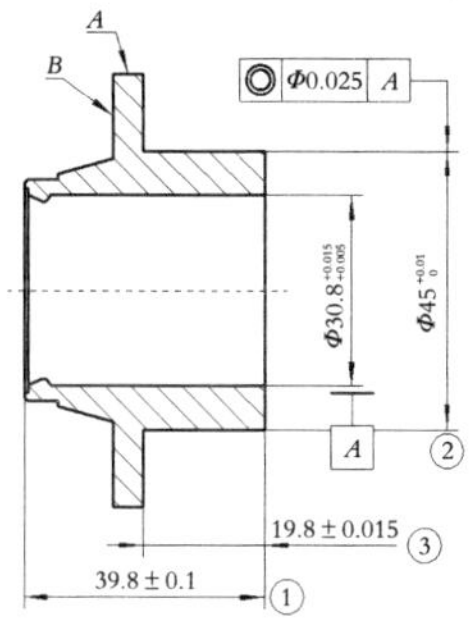 A B ◎ Φ0.025 A $\Phi30.8^{+0.015}_{+0.005}$ $\Phi45^{+0.01}_{0}$ A ② 19.8±0.015 ③ 39.8±0.1 ①

表 2　下模内套加工工序

工序名称	工序内容	图例
粗车	夹具：三爪自定心卡盘 机床：CA6140 （1）车端面。 （2）钻孔，保证尺寸②。 （3）车外圆①。 （4）调头装夹。 （5）车端面，保证尺寸③。 （6）车外圆，保证尺寸①。	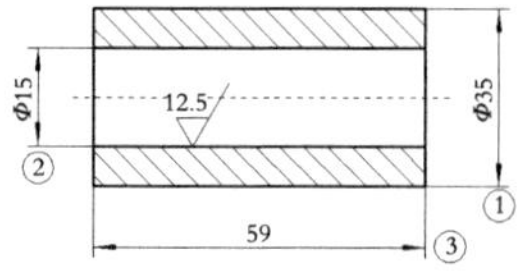 Φ15 ② 12.5 Φ35 ① 59 ③

续 表

工序名称	工序内容	图例
车内外型面并切断	装夹工件： 基准：*A*、*B* 夹紧：*A* 夹具：三爪自定心卡盘 刀杆：SVJBL2525M16 刀片：VBMT160404LF KC5010 （1）车外型面，保证尺寸①～④。 （2）车内型面，保证尺寸①⑤⑥。 刀杆：A12M-SDQCR 07- D160 刀片：DCGT070202R-W10 NS530 （3）切断，保证尺寸⑦。 所用刀具： 刀杆：GHGL25-3 刀片：GIP3.00E-0.2 IC808	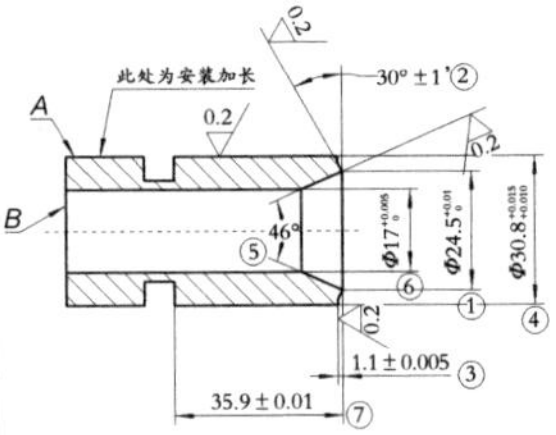 此处为安装加长 A B 0.2 30°±1′② 46° ⑤ ⑥ ① ④ $\Phi17^{+0.005}_{0}$ $\Phi24.5^{+0.01}_{0}$ $\Phi30.8^{+0.015}_{+0.010}$ 1.1±0.005 ③ 35.9±0.01 ⑦

第二讲

十字孔组合件的车削加工

十字孔组合件是由 5 个零件组合而成的一种装置，这类零件的加工难度较大，能够考验加工者多方面的综合素质。本讲从十字孔组合件的工艺难点分析、加工过程、误差分析及预防措施三个方面来介绍此类零件的加工技巧。

一、十字孔组合件的工艺难点分析

1. 十字孔组合件的装配图与零件图分析

（1）装配图与各零件图工艺分析

十字孔组合件由 1 号件锥轴（见图 8）、2 号件十字孔套（见图 9）、3 号件大套（见图 10）、4 号件锥套（见图 11）和 5 号件小轴 5 个零件所组成。

从十字孔组合件装配图 A、B（见图 6、图 7）可以看出：要求零件加工之后能达到两种装配形式的装配要求，如图 13、图 14 所示。

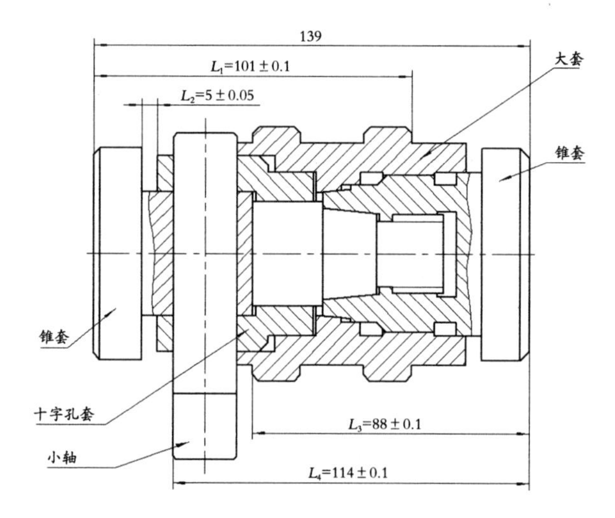

图 6　十字孔组合件装配图 A

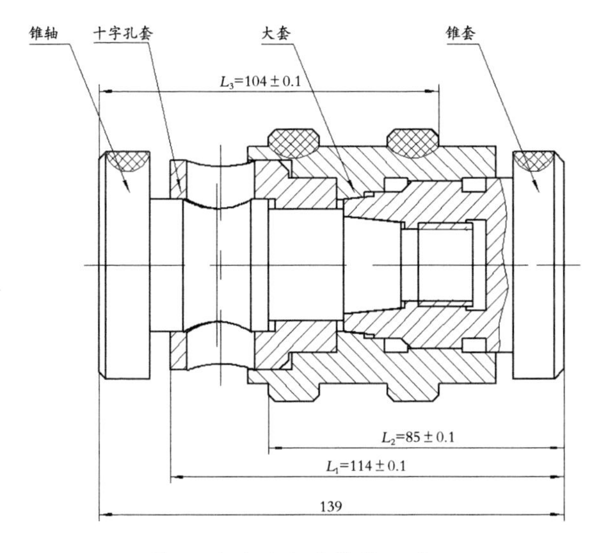

图 7　十字孔组合件装配图 B

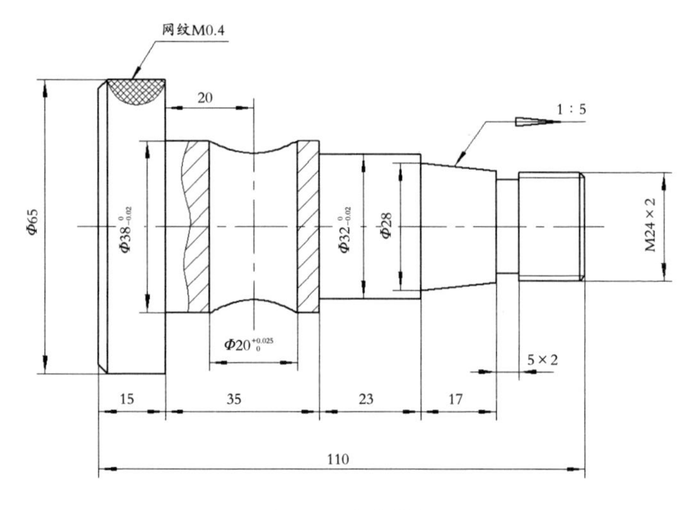
网纹M0.4
20
1：5
Φ65
Φ38$^{0}_{-0.02}$
Φ32$^{0}_{-0.02}$
Φ28
M24×2
Φ20$^{+0.025}_{0}$
5×2
15
35
23
17
110

图8 1号件锥轴

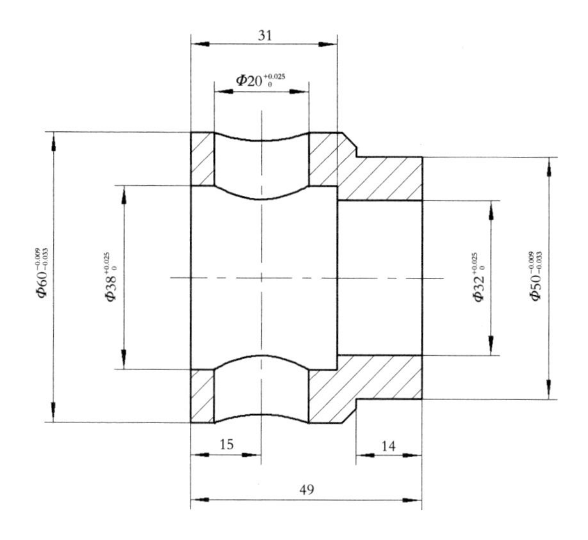
31
Φ20 +0.025 0
Φ60 -0.009 -0.033
Φ38 +0.025 0
Φ32 +0.025 0
Φ50 -0.009 -0.033
15
14
49

图9　2号件十字孔套

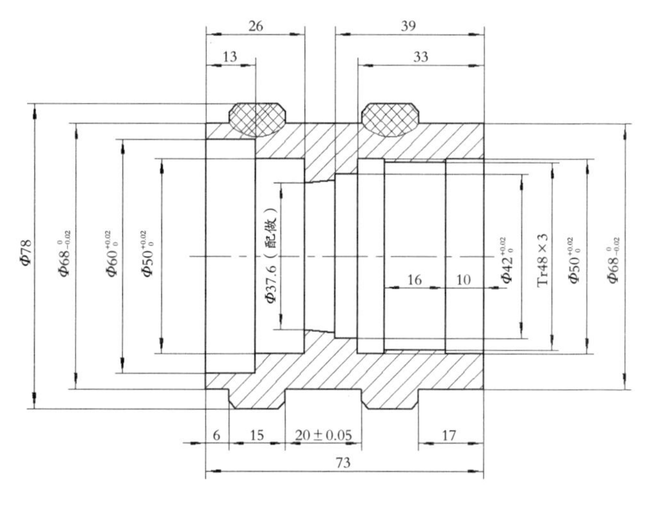
26
39
13
33
Φ78
Φ68 0 -0.02
Φ60 +0.02 0
Φ50 +0.02 0
Φ37.6（配做）
16
10
Φ42 +0.02 0
Tr48×3
Φ50 +0.02 0
Φ68 0 -0.02
6
15
20±0.05
17
73

图10 3号件大套

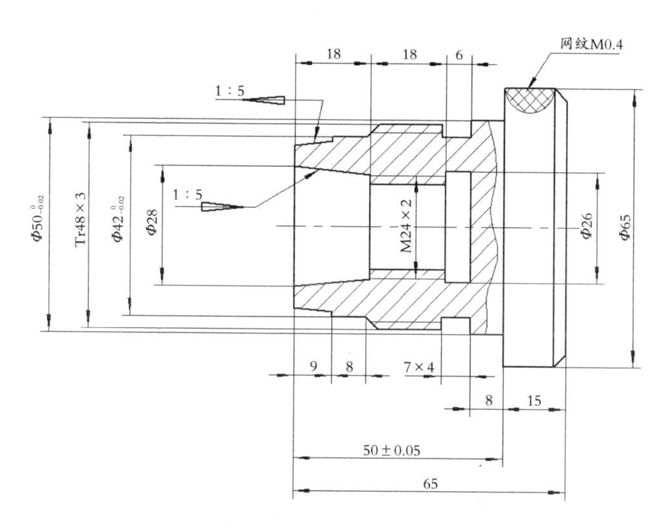

图 11　4 号件锥套

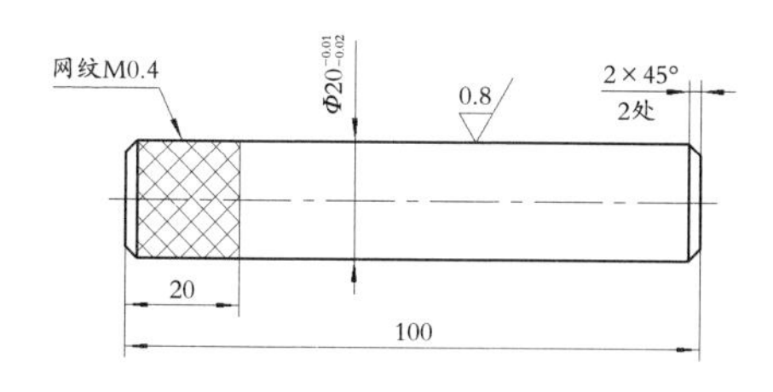

图 12　定位销

图 13 装配图 A

图 14 装配图 B

①装配图 A 工艺分析

装配图 A 要求：锥轴、十字孔套、大套、锥套装配后，小轴能按要求插入十字孔内，并能保证装配总长尺寸 139mm 及 L_1=101 ± 0.1mm、L_2=5 ± 0.05mm、L_3=88 ± 0.1mm 和 L_4=114 ±

0.1mm 的装配尺寸合格。

从图 6 中可知，$L_2 \pm 0.05$mm 尺寸是直接加工 Φ20mm 十字孔来保证的，这要求加工 Φ20mm 孔时，确保孔距尺寸公差范围在 35 ± 0.02mm；$L_1 \pm 0.1$mm 尺寸、$L_3 \pm 0.1$mm 尺寸和 $L_4 \pm 0.1$mm 尺寸是间接保证的，是在加工 Φ20mm 十字孔保证孔距 35 ± 0.02mm 尺寸时间接得到的。

②装配图 B 工艺分析

装配图 B 要求：锥轴、十字孔套、大套、锥套装配后，保证装配总长尺寸 139mm 及 $L_1 \pm 0.1$mm、$L_2 \pm 0.1$mm 和 $L_3 \pm 0.1$mm 的装配尺寸合格。

从图 7 中可知，$L_1 \pm 0.1$mm 尺寸是直接加工保证的，它是通过组合 2 号件、4 号件和 3 号件之后，检测 L_1 的实际尺寸余量，再加工 2 号件的 Φ50mm 一端面所得到的；$L_2 \pm 0.1$mm 尺寸是直接加工保证的，它是通过组合 3 号件和 4 号件检测 L_2 的实际尺寸余量，再加工 3 号件的另一端面得到的；$L_3 \pm 0.1$mm 尺寸是间接保证的，首先保证 1 号件和 4 号件的组合总比尺寸公差，再加工 3 号件和 4 号件组合尺寸 $L_2 \pm 0.1$mm，最终间接保证 $L_3 \pm 0.1$mm 尺寸。

（2）操作项目特点及难点分析

①加工十字孔 Φ20mm 尺寸时，如何保证孔距 35 ± 0.02mm 是难点，也是此套组合件加工的关键点，它关系到装配图 A 和装配图 B 中的两组尺寸能否保证设计要求。准确使用四爪卡盘找正十字孔是解决该难点问题的必要技巧，需多加练习才能有效掌握。

②图 6 中，各零件长度没有标注尺寸的公差，这会造成该长度尺寸不重要的假象，同时也加大了保证装配图 A 和装配图 B 中各项尺寸公差的难度。加工中，各零件的长度尺寸必须按 IT14 等级公差来保证，才能满足整套图纸的设计要求。

2. 十字孔组合件的加工方案

车削组合件时，安排加工顺序应做到：

（1）先车削基准件，再根据装配关系的顺序车削其余零件。

（2）车削配合件时要先外后内。车锥度配合、偏心配合和螺纹配合时，一般先车外圆锥、偏心外圆和外螺纹，后车内圆锥、偏心孔和内螺纹。这样车削，易于测量，能保证加工精度。

（3）车削顺序应根据装配关系和零件情况确定。

（4）不能一个零件全部车削完成，再车削另一个零件。

根据以上分析，先按零件图分别加工 1 号件锥轴、2 号件十字孔套、3 号件大套、4 号件锥套并留有相应的余量，然后组合加工，确保装配尺寸要求。

3. 选择车削十字孔组合件所需的工、夹、量、刃具（见表3）

表3 所需量具、刃具、辅具

量具	刃具	辅具（工、夹具）
外径千分尺	90° 偏刀	钻夹头
游标卡尺	45° 偏刀	莫氏变径套
深度游标卡尺	切断刀	活顶尖
万能角度尺	外切槽刀	铜垫块
内径百分表	内切槽刀	铜皮
百分表	镗孔刀	车刀垫片
磁力表座	网纹滚花刀	斜铁
公法线千分尺	外三角螺纹刀	铜棒
三针	内三角螺纹刀	活动扳手
螺纹环规	外梯形螺纹刀	呆扳手
螺纹塞规	内梯形螺纹刀	螺丝刀
量块	45° 内孔倒角刀	内六角扳手
螺纹对刀样板	麻花钻	油石
	中心钻	毛刷
		定位棒
		函数计算器
		机械工人切削手册

二、十字孔组合件的加工过程

本节内容主要介绍各个零件的加工过程，在加工之前应做好相应的准备，具备一定的操作能力，能解决加工过程中遇到的一般问题，方可进行实际操作加工。

（1）能准确测量毛坯外形尺寸，判断毛坯是否合格。

（2）能根据加工方案，制定车削各零件的加工步骤及方法。

（3）能正确装夹组合工件，并对其进行找正及加工。

（4）能正确选择合理的切削用量，并能正确合理地使用切削液。

（5）能对零件及组装后的组件进行正确检测，并能根据测量结果分析误差产生的原因。

（6）能对加工中出现的常见问题，提出解决办法。

表 4　锥轴的加工

步骤	操作内容	图例
粗车阶台	（1）粗车 M24×2 外圆，Φ24mm 车至 Φ24.4mm，长 20mm，预留 0.5mm 余量。 机床转速 710r/min，进给量 0.3mm/r，背吃刀量 3.5mm。	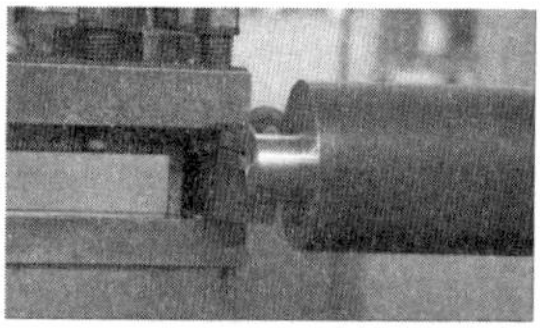
	（2）粗车 1:5 锥度，锥度大径 Φ28mm 车至 Φ28.4mm，长 19mm，预留 0.5mm 余量。	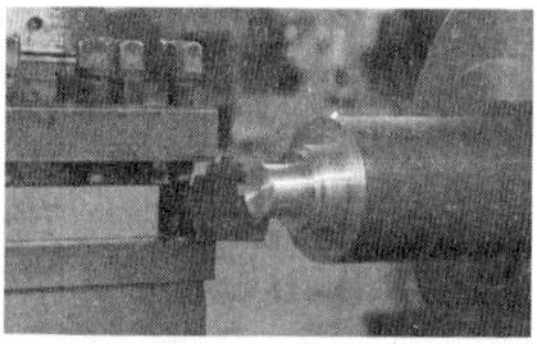
	（3）粗车 Φ32mm 尺寸，长 23mm，预留 0.5mm 余量。	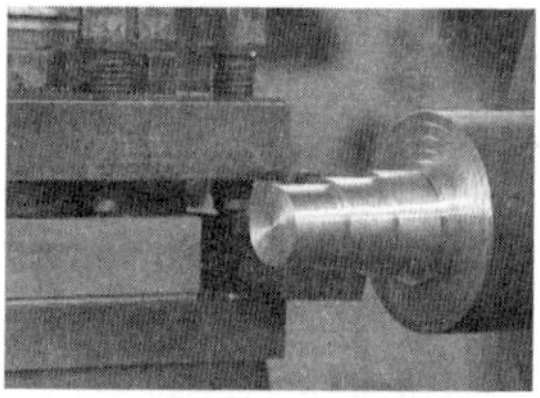
	（4）粗车 Φ38mm 尺寸，长 35mm，预留 0.5mm 余量。	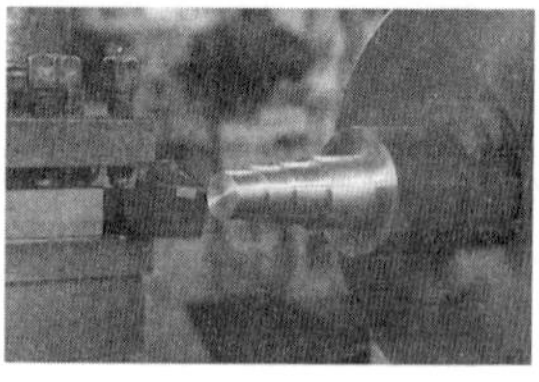

续　表

步骤	操作内容	图例
粗车、滚花	（1）粗车 Φ65mm 外圆，滚花处 Φ65mm 车至 Φ64.8mm，留出滚花挤压尺寸变大的余量，防止尺寸超差。 （2）滚花时，充分加注切削液，停车压紧后再启动机床，防止乱纹现象。机床转速 40r/min，进给量 0.36mm/r。	
端面精车	更换精车刀，共分 2 次车削，手动旋转小拖板进给车削各部分长度尺寸，从工件右端面对刀开始依次向左移动加工长度，确保所有端面尺寸一次车削到位，使其长度尺寸符合 ±0.02mm 要求。机床转速 1400r/min，进给量 0.2mm/r，背吃刀量 0.2~0.3mm。	
外圆精车	M24×2、Φ32mm，Φ38mm 精车，共分 3 次车削，防止因每次车削层厚度不同导致尺寸公差不稳定。机床转速 1400r/min，进给量 0.08mm/r，背吃刀量 0.2~0.3mm。	

续 表

步骤	操作内容	图例
螺纹加工	（1）先切出螺纹退刀槽 4×2mm。机床转速 320r/min，进给量 0.15~0.2mm/r，背吃刀量 0.2~0.3mm。 （2）更换螺纹刀，精车 M24×2 螺纹，选用合金车刀加工，提高加工效率。机床转速 320r/min，背吃刀量依次是 0.4mm、0.3mm、0.2mm、0.15mm、0.1mm、0.05mm，共分 6 次车削，第六次车削机床转速须选择 160r/min，从而达到表面粗糙度值 *Ra*1.6μm。	
打中心孔	采用 B 型 *Φ*3 中心钻。选择机床转速 1120r/min，进给量 0.15~0.2mm/r。	
倒角	各部位锐角车成 45° 倒角。选择机床转速 1120r/min。	

续　表

步骤	操作内容	图例
切断	选择机床转速 560r/min，进给量 0.15mm/r。工件 Φ65mm 左端面预留 0.5mm 余量。	

表 5　十字孔套的加工

工序	操作内容	图例
钻孔	用 Φ30mm 钻头钻底孔。机床转速 250r/min，深度 55mm。	
粗车外圆	粗车外圆，Φ60mm 车至 Φ60.5mm。机床转速 710r/min，进给量 0.3mm/r，背吃刀量 3.5mm。	
粗车 Φ50mm 外圆	粗车 Φ50mm 外圆。用切断刀加工，车至 Φ50.5mm，长度 13mm 车至 20mm，留出外圆精车刀下刀处。机床转速 560r/min，进给量 0.15mm/r，加注切削液。	

续 表

工序	操作内容	图例
粗车内孔	（1）Φ32mm 车至Φ31.2mm。机床转速710r/min，进给量0.26mm/r，背吃刀量1mm。 （2）粗车内孔Φ38mm。Φ38mm车至Φ37.2mm，深度31mm车至30.5mm。	
精车内孔	加大切削液流量，充分冷却降温，使工件达到常温状态后，精加工内孔。机床转速1120r/min，进给量0.08mm/r，背吃刀量0.1~0.15mm。使用手动旋转小拖板方法加工，内孔深度保证公差。	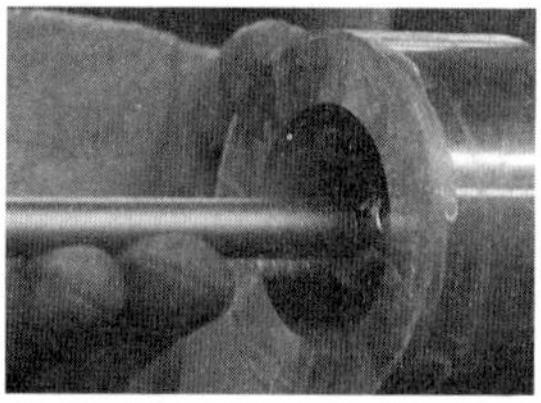
精车外圆	（1）精车外圆Φ60mm。换外圆精车刀，精车外圆。机床转速1400r/min，进给量0.08mm/r，背吃刀量0.15mm。 （2）精车外圆Φ50mm。	

续　表

工序	操作内容	图例
精车外圆	机床转速 1400r/min，进给量 0.08mm/r，背吃刀量 0.15mm，同时保证长度尺寸 49mm。	
倒角	全部倒角为 1×45°。机床转速 1120r/min。	
切断	换切断刀加工，长度尺寸 49mm 车至 49.5mm，加注切削液。机床转速 560r/min，进给量 0.15mm/r。此时，十字孔不加工，待与 1 号件组合时再进行加工。	

表 6　锥套的加工

工序	操作内容	图例
粗车外圆阶台	（1）粗车 Φ50mm，车至 Φ50.5mm，长度尺寸 50mm 车至 49.5mm。机床转速 710r/min，进给量 0.3mm/r，背吃刀量 3.5mm。 （2）粗车 T48×3 螺纹，Φ48mm 车至 Φ48.5mm，	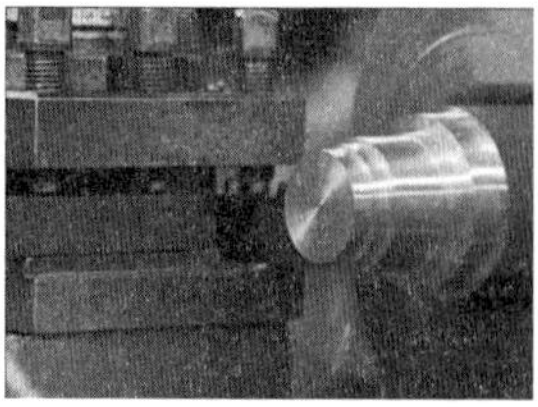

续 表

工序	操作内容	图例
粗车外圆阶台	长度尺寸42mm车至41.5mm。 （3）粗车Φ42mm至Φ43mm，长度17mm车至16.5mm。 （4）粗车1∶5锥度，Φ40mm车至Φ41mm，长度9mm车至8.7mm。 （5）粗车Φ65mm滚花外圆，Φ65mm车至Φ64.7mm，长度车至20mm，预留滚花刀加工的余量。机床转速710r/min，进给量0.3mm/r，背吃刀量2mm。	
粗车内孔、锥度	（1）用Φ21mm钻头钻孔，深度按43mm钻削。机床转速320r/min，进给量0.35mm/r。	
	（2）粗车M24×2内孔至Φ22mm。机床转速710r/min，进给量0.2mm/r，背吃刀量0.5mm。 (3) 粗车内锥度Φ25mm。	

续　表

工序	操作内容	图例
精车内孔螺纹	精车 M24×2 内孔螺纹，选用机夹车刀，机床转速 160r/min，背吃刀量分别为 0.35mm、0.2mm、0.15mm 和 0.1mm。	
精车内锥孔	计算 1:5 锥度与 1 号件的配合，测量配合长度，换算出加工余量，确保组合尺寸公差。机床转速 560r/min，进给量 0.1mm/r。	
精车外圆、锥度	（1）精车外圆 Φ48。 （2）外圆锥度 1 :5 车至图样要求。机床转速 1400r/min，进给量 0.08mm/r，背吃刀量 0.2~0.3mm，共分 3 次车削。	
外圆滚花	机床转速 40r/min，进给量 0.35mm/r，加注切削液。精车 Tr48×3 外螺纹。机床转速 1120r/min，注意表面粗糙度。	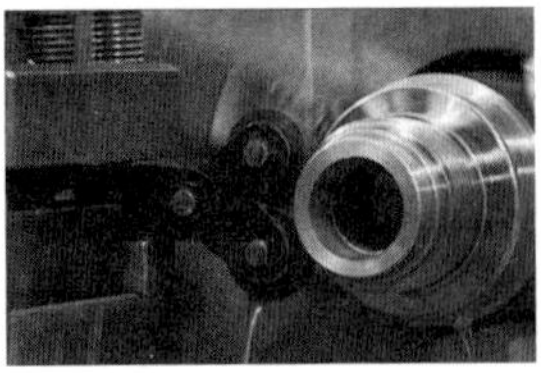

续 表

工序	操作内容	图例
切断	工件左端面 65mm 车至 65.5mm。机床转速 560r/min，进给量 0.15mm/r。	

4. 大套的加工

加工要点：夹紧工件，先加工内锥度和内 Tr48×3 螺纹这一侧，这样可以把大部分表面加工出来，减少内应力变形导致形位公差超差现象。

表 7　大套的加工

工序	操作内容	图例
粗车外圆	粗车外圆，Φ78mm 车至 Φ77.7mm，机床转速 710r/min，进给量 0.3mm/r。	
加工外圆	加工外圆 Φ68mm（3 处）。用切槽刀加工，车至 Φ69mm，机床转速 450r/min，进给量 0.15mm/r，加注切削液冷却。	

续　表

工序	操作内容	图例
打中心孔	用中心钻打中心孔	
外圆滚花	用尾座顶紧工件，以提高滚花时工艺系统的刚性。 加工外圆滚花处，更换滚花刀加工，机床转速 40r/min，进给量 0.36mm/r。刀具顶紧后再启动机床加工，防止乱纹现象发生，并加注切削液降温润滑。	
粗加工内孔	（1）用 Φ36mm 钻头钻孔，机床转速 250r/min，进给量 0.3~0.5mm/r，加注切削液冷却。	
	（2）粗加工内孔锥度。使用 Φ20mm 镗孔刀加工，机床转速 710r/min，进给量 0.15mm/r，背吃刀量 0.8mm。 （3）粗加工内孔 Φ42mm。	
	（4）粗加工内孔 Tr48×3 底孔。Φ45mm 车至 Φ44.5mm，机床转速 710r/min，进给量 0.15mm/r，背吃刀量 1.25mm。	

续　表

工序	操作内容	图例
粗加工内孔	（5）粗加工内孔 Φ50mm。机床转速 710r/min，进给量 0.15mm/r，背吃刀量 1.5mm。	
精车加工内孔	（1）精车加工内孔 Φ42mm。深度 32mm 按 32±0.01mm 加工，采用移动小拖板的方法加工内孔深度，以保证加工要求，机床转速 1120r/min，进给量 0.08mm/r，背吃刀量 0.15mm。 （2）精车加工 Tr48×3 螺纹底孔。 （3）精车加工 Φ50mm 内孔。深度 10mm 按 10mm，上偏差 0.05，下偏差 0 加工，采用移动小拖板的方法加工，内孔深度控制在尺寸公差内。	
精车加工内孔锥度	采用百分表测量方法检测小拖板旋转角度的误差，调整到 ±0.005mm 公差值范围内，并测量与 2 号件配合尺寸 8±0.02mm，机床转速 1120r/min，进给量 0.08mm/r，背吃刀量 0.15mm。	

续　表

工序	操作内容	图例
精车外圆端面	精车外圆端面 17±0.01mm、15±0.01mm（2处）和20±0.01mm。采用拖板控制尺寸，用切槽刀加工，各尺寸保证公差，机床转速1120r/min，进给量0.15mm/r，背吃刀量0.2~0.3mm。	
组合加工	组合3号件和4号件，车加工3号件左端面，保证85±0.01mm尺寸，机床转速1120r/min，进给量0.08mm/r，背吃刀量0.15mm。	
精车外圆	精车外圆3处尺寸，中间Φ68mm尺寸采用精车槽刀加工，机床转速1120r/min，进给量0.08mm/r，背吃刀量0.15mm。注意20mm尺寸根部的接刀痕迹。20±0.02mm槽宽尺寸采用量块检测。	

续 表

工序	操作内容	图例
倒角	全部倒角为 1×45°，外圆加工时，机床转速 1120r/min，进给量 0.2~0.25mm/r；加工内孔倒角时，机床转数 450r/min，进给量 0.15~0.2mm/r。	
切断	4 号件左端面预留 0.5mm 余量，采用切断刀加工，机床转速 560r/min，进给量 0.15mm/r，加注切削液。	
装夹、找正	采用四爪卡盘夹持工件，找正工件，将同轴度和垂直度控制在 0.015mm 以内，再进行精加工。	
精车内孔	（1）精车加工 Φ50mm 内孔。内孔深度 13mm，机床转速 1120r/min，进给量 0.1mm/r，背吃刀量 0.15mm。 （2）精车加工 Φ60mm 内孔。内孔深度 13mm。	

续　表

工序	操作内容	图例
精车总长	精车总长 73mm。将 73mm 车至 73±0.02mm，机床转速 1400r/min，进给量 0.15mm/r，背吃刀量 0.25mm，分 2 次进给车削。	

5. 组合加工及检测

（1）如装配图 7 所示，组合 4 号件锥套、2 号件十字孔套和 3 号件大套，组装检测 2 号件十字孔套与 4 号件锥套的组合关系 114±0.1mm 尺寸，测量出余量实际值。查看 4 号件锥套与 3 号件大套的组合关系 85±0.1mm 尺寸的实际值，由于加工 3 号件大套时，已组合了 4 号件锥套进行加工，该尺寸符合工艺要求。只需加工 2 号件十字孔套的左端面，保证 114±0.1mm 尺寸即可。

（2）组合 1 号件锥轴、4 号件锥套、2 号件十字孔套和 3 号件大套，组装检测 1 号件锥轴与

3 号件大套的组合关系 104 ± 0.1mm 尺寸，测量出余量实际值，如图 15 所示。

图 15 组装检测尺寸 L_3

（3）组合 1 号件锥轴与 2 号件十字孔套（见图 16），加工十字孔，用四爪卡盘找正 1 号件锥轴（见图 17），孔距 35 ± 0.02mm，在 Φ60mm 端面处垫上 5mm 垫片，与中心形成 35mm 中心距。

用百分表测量以上 3 处（见图 18），误差控制在 ±0.02mm 即可。

图 16　组合 1 号件锥轴与 2 号件十字孔套

图 17　用四爪卡盘找正 1 号件锥轴

图 18　用百分表测量尺寸

（4）加工十字内孔。采用机夹 Φ16mm 刀杆加工 Φ20mm 内孔，机床转数 320r/min，进给量 0.15mm/r，背吃刀量 0.5mm；预留 0.3mm 余量进行精加工，机床转数 250r/min，进给量 0.1mm/r，背吃刀量 0.1mm。最终，精加工分 3 次进给车削合格，卸下分解，去毛刺。

（5）如装配图 6 所示，检测组合尺寸 1 号件锥轴、2 号件锥套、3 号件十字孔套、4 号件大套和 5 号件小轴。检测第二组的配合尺寸 114 ± 0.1mm、101 ± 0.1mm 和 88 ± 0.1mm 尺寸，如图 19 所示。

图 19　组装检测尺寸

三、十字孔组合件的误差分析及预防措施

1. 产生尺寸误差的原因及预防措施

产生尺寸误差的原因及预防措施见表 8。

表 8　产生尺寸误差的原因及预防措施

获得尺寸精度的方法	产生尺寸误差的原因	预防措施
试切法	（1）测量不准确。 （2）微小进给量不准确。 （3）切削刃不锋利。	（1）合理选择和正确使用量具。 （2）提高进给机构精度和刚度，保证进给机构清洁、润滑，采用微量进给机构。 （3）选择小倒棱、小刀尖圆弧半径刀具。

续 表

获得尺寸精度的方法	产生尺寸误差的原因	预防措施
调整法	（1）定程机构重复定位不准确。 （2）工件装夹误差。 （3）工艺系统热变形。 （4）刀具磨损。	（1）提高定程机构刚度和操纵机构灵敏度。 （2）提高定位精度。 （3）合理选择切削用量、使用切削液。 （4）及时调整车床、刃磨，更换刀具。
定尺寸刀具法	（1）刀具精度低。 （2）刀具磨损。 （3）刀具安装不正确。 （4）刀具热变形。	（1）选用精度合适的刀具。 （2）控制刀具磨损量。 （3）正确安装刀具。 （4）充分冷却、润滑刀具。

2. 产生形状误差的原因及预防措施

产生形状误差的原因及预防措施见表 9。

表 9　产生形状误差的原因及预防措施

加工方法	产生形状误差的原因	预防措施
轨迹法	（1）主轴回转精度低。 （2）导轨导向精度低。 （3）刀具磨损。	（1）提高主轴轴颈和轴瓦形状精度，选配主轴轴承，滚动轴承预紧，先用高精度轴承或静压轴承。 （2）恢复和提高导轨在垂直平面内的直线度、主轴轴线对溜板纵

续　表

加工方法	产生形状误差的原因	预防措施
轨迹法		向移动的平面度等几何精度。 （3）选用新型刀具材料，选用合理切削用量，及时补偿刀具磨损、刃磨刀具。
成形法	（1）刀具精度低。 （2）刀具安装误差。 （3）刀具磨损。	（1）提高刀具制造精度。 （2）提高刀具安装精度。 （3）选用新型刀具材料，及时刃磨刀具。

3. 产生位置误差的原因及预防措施

产生位置误差的原因及预防措施见表 10。

表 10　产生位置误差的原因及预防措施

装夹方式	产生位置误差的原因	预防措施
在通用夹具上装夹	（1）通用夹具与主轴轴线位置精度低。 （2）工件定位基准精度低。 （3）找正方法不合理。 （4）操作人员技术水平低。	（1）找正通用夹具与主轴轴线重合。 （2）提高工件定位基准精度。 （3）选择合适的装夹、找正方法，合理选用量具。 （4）加强培训，提高操作人员技术水平。
在专用夹具上装夹	（1）夹具设计不完善。 （2）夹具制造精度低。 （3）夹具安装精度低。	（1）改进夹具。 （2）提高夹具制造精度。 （3）精心安装，提高夹具定

续 表

装夹方式	产生位置误差的原因	预防措施
在专用夹具上装夹	（4）夹具刚度低，旋转不平衡。 （5）工件定位基准精度低	位元件与主轴轴线的精度。 （4）提高夹具刚度，校正平衡 （5）提高工件定位基准精度

4. 表面粗糙度值大的原因及减小表面粗糙度值的措施

表面粗糙度值大的原因及减小表面粗糙度值的措施见表 11。

表 11　表面粗糙度值大的原因及减小表面粗糙度值的措施

装夹方式	产生表面粗糙度值大的原因	减小表面粗糙度值的措施
残留面积	（1）刀具主偏角、副偏角大。 （2）刀具刀尖圆弧半径小、进给量大。	（1）减小刀具主偏角、副偏角。 （2）增大刀尖圆弧半径。 （3）减小进给量。
毛刺	（1）产生积屑瘤。 （2）刀具前、后刀面表面粗糙度值大。 （3）刀具磨损。	（1）改变切削速度，增大刀具前角，使用合适的切削液。 （2）减小刀具前、后刀面表面粗糙度值。 （3）保持刀具锋利。

续　表

装夹方式	产生表面粗糙度值大的原因	减小表面粗糙度值的措施
磨损亮度	刀具严重磨损。	及时刃磨刀具。
切屑拉毛加工表面	（1）切屑划伤已加工表面。 （2）切屑缠绕在工件上。	（1）采用正刃倾角刀具。 （2）采用卷屑、断屑措施。
振纹	（1）车床刚性差。 （2）刀具刚性差。 （3）工件刚性差。 （4）切削用量不合理。	（1）调整主轴间隙，调整直线运动部件间隙，提高车床刚性。 （2）合理选择刀具几何参数，切削刃锋利，增加刀具装夹刚性。 （3）增加工件装夹刚性。 （4）选用较小的背吃刀量和进给量，改变切削速度。

第三讲

大直径环形件的车削加工

航空高温合金大直径环形件的零件断面形状主要有："L" 形（见图 20）、"U" 形和 "矩形" 等。本文以大直径矩形垫圈进行讲解，如图 21、图 22 所示。主要从以下 3 个方面进行深入介绍。

（1）根据零件的工艺规程，制定车削大直径矩形垫圈零件的加工步骤及方法。

（2）对大直径矩形垫圈进行正确检测，并根据测量结果，分析误差产生的原因。

（3）按车间管理和产品工艺流程的要求，正确放置大直径矩形垫圈零件并进行质量检验。

图 20 "L" 形

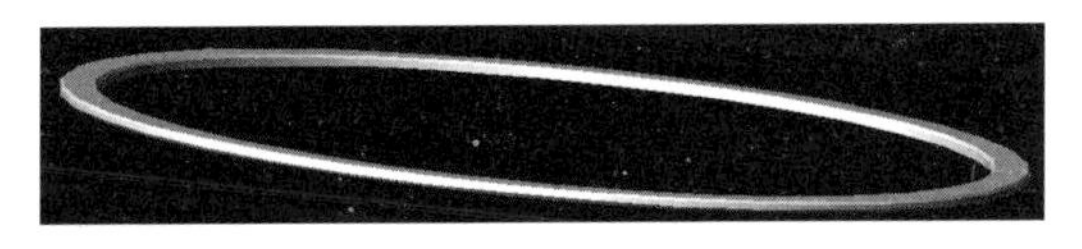

图 21 "矩形"

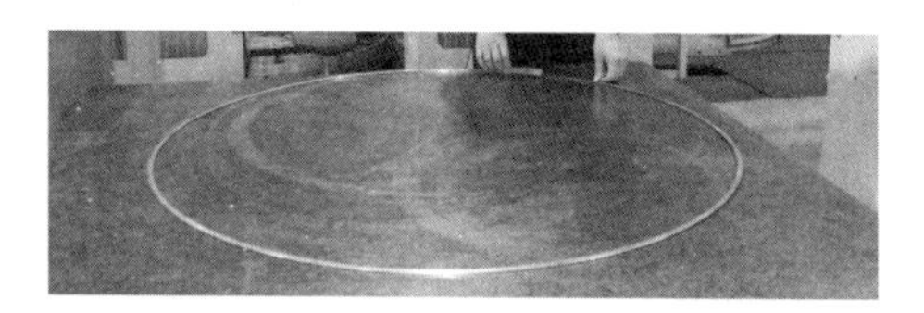

图 22 矩形

一、大直径矩形垫圈的工艺难点分析

1. 零件图分析

零件图如图 23 和图 24 所示。

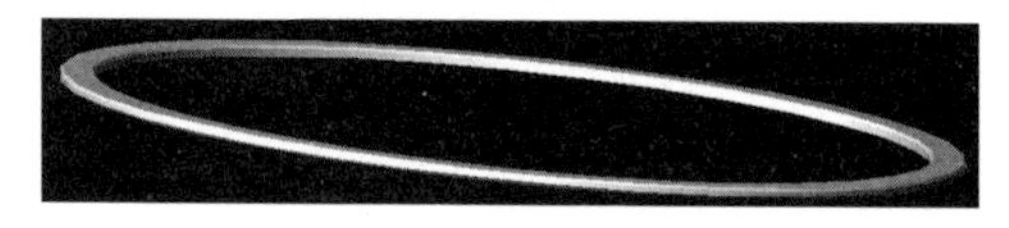

图 23 零件三维图

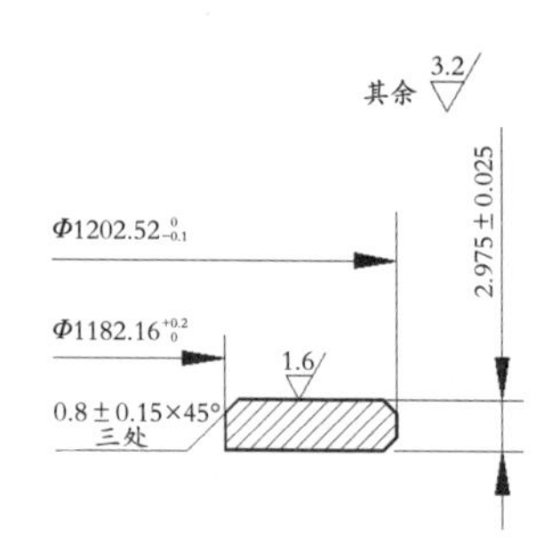

图 24 零件截面图

（1）形状包括：外圆、内孔、倒角。

（2）尺寸精度：$\Phi1202.52_{-0.1}^{0}$、$\Phi1182.16_{0}^{+0.2}$、2.975 ± 0.025mm、$0.8\pm0.15\times45^\circ$ 三处。

（3）粗糙度：$Ra1.6$、$Ra3.2$。

（4）零件材料。大直径矩形垫圈材料为 INCONEL718（材料牌号：GH4169 镍基高温合金），该材料具有屈服强度高、塑性好、耐腐蚀、抗氧化、热稳定性好、韧性和延伸率大、导热性差等特点，尤其是合金中含有较高的金属铌，使得该材料具有优良的抗蠕变性能。该材料的特性如下：

①导热性差，热导率仅为普通钢的 1/4~1/3，加工中传热困难，切削温度很高，同时高温合金材料中 Ni、Cr、Mo、Ti 等合金元素亲和作用强，因此切削时容易产生粘刀现象。

②热强性好，高温合金在较高的温度下仍具有高的物理、力学性能，切削阻力比普通钢高

3~4 倍。

③材料本身有大量的强化相，加工硬化严重，表面硬度比基体硬度高 2~4 倍，增加了加工难度，容易磨损刀具，降低刀具的耐用度和寿命。

此零件基准为上表面，最大外径可达 $\Phi1202.52_{-0.1}^{0}$，内径 $\Phi1182.16_{0}^{+0.2}$，厚度却非常薄，仅为 2.975 ± 0.025mm，其公差为 0.05mm，很难控制，由切断刀切断保证。由于受到工件材料、加工方法、毛料状态、刀具材质、刀具精度、工作角度、机床刚性、加工存在让刀等问题影响，同时，由于零件为薄壁件，受夹紧力和切削力的影响大，加工过程中极易造成零件变形，使零件尺寸 2.975 ± 0.025mm 的合格率较低，初期加工时合格率为 31.25%，废品率为 31.25%，返工率为 37.5%。

重点：切断时保证 2.975 ± 0.025mm 尺寸合格。

难点：如何防止工件变形和进行 2.975 ± 0.025mm 尺寸的加工。

2. 大直径矩形垫圈零件工艺路线

工艺路线：

0 车基准

5 车工艺边

10 车全部并切断

15 倒角

20 线切割切断

25 修表面

3. 车削大直径矩形垫圈零件所需的工、夹、量、刃具

（1）工具：限力扳手　六方扳手。

（2）夹具：专用夹具或铝盘夹具。

（3）量具：卡尺 0~150mm、0~1500mm，千分尺 0~25mm，内径千分杆 100~1200mm，磁力百分表 0~10mm。

（4）刃具：车削加工常用刀具（以机夹刀具为主）。

①名称：45º 机夹左偏刀（见图 25）

图 25　刀具实物（1）

公司：SANDVIK 或 KENNAMETAL

刀杆：PCSN L 3225P12 或 PSSN L 3225P12

刀片：CNMG120408MP KC5010 或 SNMG120408MP KC5010

用途：车削端面、内孔、外圆，粗车，半精车和精车

②名称：45º 机夹右偏刀（见图 26）

公司：SANDVIK 或 KENNAMETAL

刀杆：PCSN R 3225P12 或 PSSN R 3225P12

刀片：CNMG120408MP KC5010 或 SNMG120408MP KC5010

图 26　刀具实物（2）

用途：反向车削端面、内孔、外圆，粗车，半精车和精车

③名称：切槽、切断刀（见图 27）

公司：SANDVIK

刀杆：LF123H13-3232MB

刀片：N123H2-0400-0004-TF H13A

用途：工件的切断和切槽

图 27　刀具实物（3）

④名称：45° 倒角刀（见图 28）

图 28　刀具实物（4）

公司：SANDVIK 或 KENNAMETAL

刀杆：PSSN N 3225P12

刀片：SNMG120408MP KC5010

用途：倒角或车削工件的端面

⑤名称：6mm 宽切刀（见图 29）

公司：SANDVIK

刀杆：L/RF123K32-3232MB

刀片：N123K32-0600-0004-TF H13A

用途：由于夹具的阻碍，采用其他刀具无法正常加工，用于最后 2~3 个零件的外圆、内孔的粗车、半精车和精车

图 29　刀具实物（5）

4. 选择合理的切削参数

选择合理的加工参数：n=8~10r/min　f=0.06mm/r

a_p=3.0mm。

选择合理的切入参数：2.98mm。

选择合理的刀具磨损补偿量：+0.03mm。

通过切刀上刀尖的磨损基本等于切刀下刀尖的磨损。

零件表现：内侧、外侧厚度基本一致。

分析：RF123G20-3232B 刀杆受力后的变形范围是 ±0.025mm；设备滑枕间隙小于 ±0.02mm；零件材料 MSRR7209 高温合金；零件公差范围 2.95~3.00mm；对刀误差 0.005mm。以上因素的综合作用将会导致零件的实际尺寸在以切入参数为中差的 ±0.03mm 的范围内变化，所以切入参数应确定在变化中限偏上为好。

结论：综合考虑刀具刚性、机床刚性、零件材料及零件公差等因素后，确定切入参数为 2.98mm。使用切刀切断零件时，不管零件切断后的尺寸如何，切入参数固定不变，不做任何调整。

5. 设定合理的引导切刀切入的倒角和 Z 向台阶尺寸

必要性：在没有设定引导切刀切入的倒角和 Z 向台阶尺寸的情况下，切刀由外向内切断零件。由于机床受力变形等因素的影响，会使切刀刀尖向下摆动，造成切刀上刀尖的磨损大于切刀下刀尖的磨损。这样零件将会表现为内侧较厚，外侧较薄。在引导切刀切入的倒角和 Z 向台阶的尺寸设定不合理的情况下，切刀由外向内切断零件。由于机床受力变形等因素的影响，会使切刀刀尖上下摆动，造成切刀上刀尖的磨损不等于切刀下刀尖的磨损，这样零件将会表现为内外侧厚度不一致。

结论：如图 30 所示，尺寸设定引导切刀切入的倒角和 Z 向台阶尺寸，在切刀由外向内切断零件时，会对切刀起到定位作用，可以有效防止切刀刀尖的向上、向下摆动，保证零件尺寸 2.975 ± 0.025mm 的一致性。

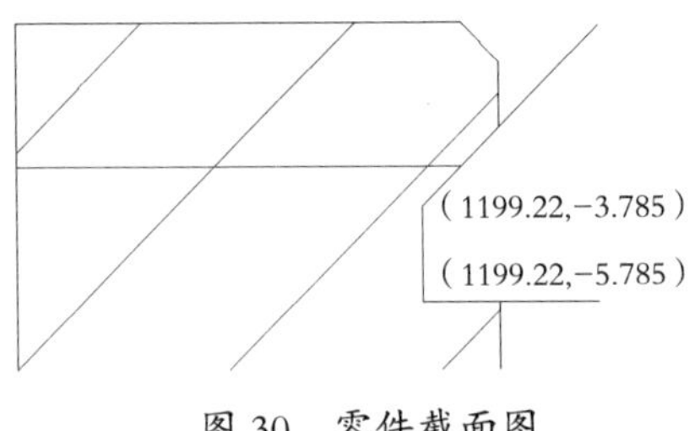

图 30 零件截面图

6. 改变对刀方式

由于此高温合金大直径环形零件的尺寸 2.975 ± 0.025mm 是使用切断刀一次切断保证的，所以在加工过程中无法测量。零件尺寸 2.975 ± 0.025mm 只能依靠对刀来保证，因此对刀必须有很高的精度。

经过试验与分析，将切断刀的对刀方式由下刀尖对刀（塞尺对刀）改变为上刀尖（对刀块）对刀。对刀误差由原来的 0.02mm 缩小到现在的小于 0.01mm。

7. 切断时要注意的问题

使用切断刀切断零件前应对刀基准面进行修整，保证基准面平面度小于 0.01mm, 保证对刀的准确性。使用切断刀切断零件前应对刀片进行仔细的检查，保证刀片的两个刀尖圆角大小一致，刃口完整无崩刃、破损等问题。切断刀使用的 N123G2-0300-0003-TF H13A 刀片，如图 31 所示，虽然是双头刀片，但是为了提高切断时刀具的可靠性，每个刀片最好只使用一头用于 FW22442 的切断加工。另一头可用于其他零件的切断加工。

图 31　刀片实物

使用切断刀切断零件时要加注充分的切削液（切削液质量分数应大于 10%），并保证切削液准确充足地加注于刀切削刃上。使用切断刀切断零件时要及时进行排屑，防止切屑将刀片挤碎。使用切断刀切断零件，零件尺寸 2.975 ± 0.025mm，由切入参数 2.98mm 引导切刀切入的倒角和 Z 向台阶尺寸共同保证。零件尺寸 2.975 ± 0.025mm 内、外是否相同，由刀具磨损补偿量、线速度和走刀量共同控制。

8. 控制零件加工变形

针对零件为薄壁件、加工变形大这一特点，采用先粗车、后精车，小切深、大进给和高转速的加工方案。零件在粗加工及半精加工过程中，均匀分配加工余量，通过以上措施最大限度地减小了零件的变形，保证了零件的加工精度。切削零件端面、内径和外径时，应采用 45° 车刀进行加工，如图 32 和图 33 所示。使用 45° 车刀加工，可以改善切削条件，减小零件变形，提高加工效率，降低刀具成本。

图 32　刀具实物（6）

图 33　刀具实物（7）

二、大直径矩形垫圈零件的车削加工

1. 大直径矩形垫圈零件的车削加工要求

在加工之前应做好相应的准备，具备一定的操作能力，能解决加工中遇到的一般问题，方可进行实际操作加工。

（1）能按图样要求，测量毛坯外形尺寸，判断毛坯是否合格。

（2）能正确装夹工件，并对其进行找正。

（3）能正确规范地装夹加工所用的车刀。

（4）能正确选择大直径矩形垫圈的进刀方法及机床操作方法。

（5）能正确选择合理的切削用量，并能正确合理地使用切削液。

（6）能在导师的指导下，对加工中出现的常见问题提出解决办法。

（7）能按车间现场管理和产品工艺流程的要求，正确放置大直径矩形垫圈并进行质量检验和确认。

2. 装夹方法

航空高温合金大型环形件的装夹方法主要有2种：利用机床工作台装夹零件和使用组合夹具装夹零件。

（1）利用机床工作台装夹零件（见图34至图39），主要用于零件毛料一端工艺边的车加工。加工时压紧点数量为4~8点，顶紧点数量为4~8点。压紧点和顶紧点的数量应根据零件毛料的直径大小和零件壁厚的情况进行增减。

图34　机床工作台零件加工状态。内外相对8点顶紧（90度4等分），配合内侧4点压紧（90度4等分）

图35　机床工作台零件加工状态。内外相对8点顶紧（90度4等分），配合外侧4点顶紧（90度4等分）

图 36　机床工作台零件加工状态。外侧 4 点顶紧（90 度 4 等分）；配合外侧 8 点压紧（45 度 4 等分）

图 37　机床工作台零件加工状态。外侧 4 点顶紧（90 度 4 等分）；配合外侧 4 点压紧（90 度 4 等分）

图 38　机床工作台零件加工状态。内外相对 8 点顶紧（90 度 4 等分），配合外侧 4 点顶紧（90 度 4 等分）

图 39　机床工作台零件加工状态。内外相对 8 点顶紧（45 度 8 等分）

（2）使用组合夹具装夹零件（见图 40、图 41），主要应用于零件的成型加工及切断加工。为保证零件成型加工的精度，减小零件加工变形，零件的压紧点数量应为等分的 16 点，必要时可将压紧点的数量增加至 32 点。

图 40　组合夹具零件加工状态（1）

图 41　组合夹具零件加工状态（2）

3. 制定加工步骤

（1）作业图与加工步骤（见表 12）

零件如图 42 所示：

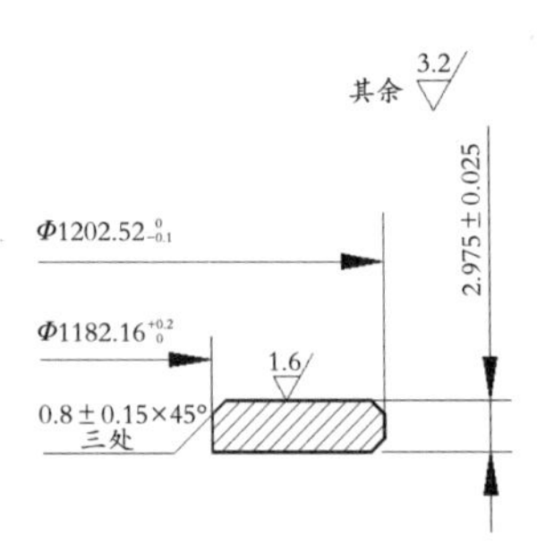

图 42　成品截面图

表 12　加工步骤

序号	作业图	加工步骤
1		（1）车端面 刀杆：PCSN R 3225P12 或 PSSN R 3225P12 刀片：CNMG120408MP KC5010 或 SNMG120408MP KC5010 公司：SANDVIK KENNAMETAL 参数：a_p=1.0mm；v_c=38m/min；f=0.2~0.3mm/r。 留余量：z 向留单边 0.10mm。

续　表

序号	作业图	加工步骤
2	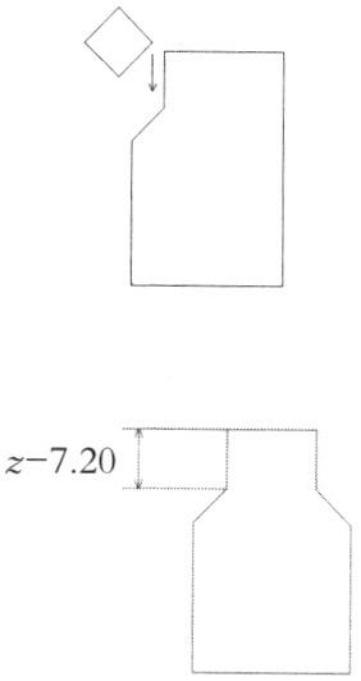 z−7.20	（2）粗车内孔 刀杆：PCSN L 3225P12 或 PSSN L 3225P12 刀片：CNMG120408MP KC5010 或 SNMG120408MP KC5010 公司：SANDVIK　KENNAMETAL 参数：a_p=1.0~4mm；v_c=38m/min；f=0.15~0.3mm/r。 留余量：x 向留单边 0.5mm；z 向车至 z−7.20mm。
3	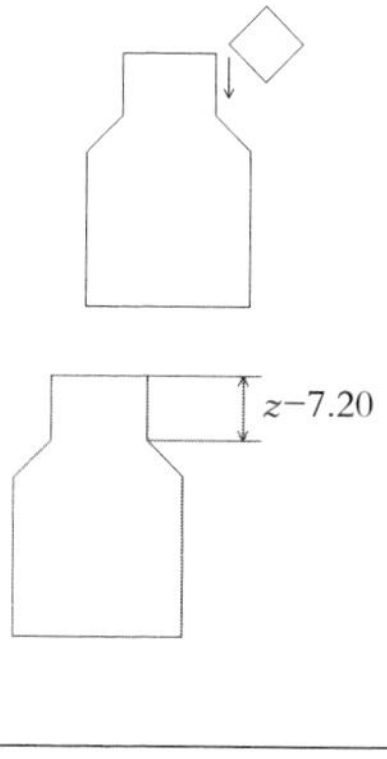 z−7.20	（3）粗车外圆 刀杆：PCSN L 3225P12 或 PSSN L 3225P12 刀片：CNMG120408MP KC5010 或 SNMG120408MP KC5010 公司：SANDVIK　KENNAMETAL 参数：a_p=1.0mm；v_c=38m/min；f=0.2~0.3mm/r。 留余量：x 向留单边 0.5mm；z 向车至 z−7.20mm。

续 表

序号	作业图	加工步骤
4	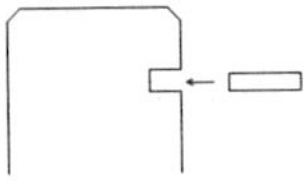	（4）粗车径向槽 刀杆：RF123E08 2525B 刀片：N123E2-0200-0002-GF1105 公司：SANDVIK 参数：v_c=25m/min；f=0.06~0.10mm/r。 留余量：x 向留单边 0.5mm，车至 Φ1200.22mm；z 向下刀尖车至 z-5.8mm。
5	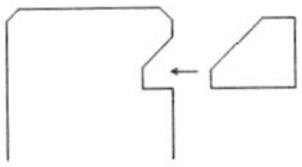	（5）粗车径向倒角 刀具：专用 45° 倒角刀 参数：v_c=25m/min；f=0.06~0.10mm/r。 留余量：x 向与 z 向和径向槽接平即可。
6	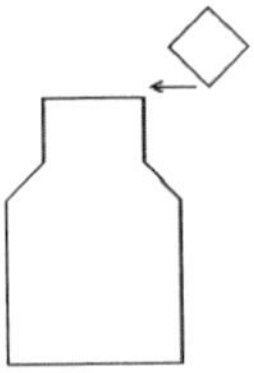	（6）精车端面 刀杆：PCSN R 3225P12 或 PSSN R 3225P12 刀片：CNMG120408MP KC5010 或 SNMG120408MP KC5010 公司：SANDVIK KENNAMETAL 参数：a_p=0.10~0.10mm；v_c=458m/min；f=0.14mm/r。

续　表

序号	作业图	加工步骤
7	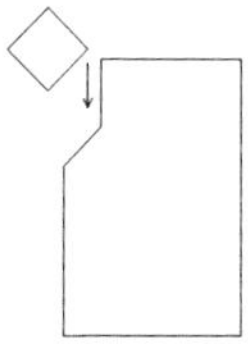	（7）精车内孔 刀杆：PCSN L 3225P12 或 PSSN L 3225P12 刀片：CNMG120408MP KC5010 或 SNMG120408MP KC5010 公司：SANDVIK　KENNAMETAL 参数：a_p=0.30~0.50mm；v_c=45m/min；f=0.15~0.3mm/r。 留余量：z 向车至 z−6.2mm；x 向车至 Φ1182.26mm。
8	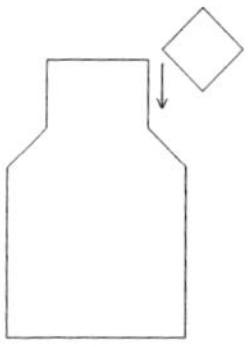	（8）精车外圆 刀杆：PCSN L 3225P12 或 PSSN L 3225P12 刀片：CNMG120408MP KC5010 或 SNMG120408MP KC5010 公司：SANDVIK　KENNAMETAL 参数：a_p=0.30−0.50mm；v_c=45m/min；f=0.15~0.3mm/r。 留余量：z 向车至 z−6.5mm；x 向车至 Φ1202.47mm。
9		（9）倒端面角 刀杆：PSDN N 3225P12 刀片：SNMG120408MP KC5010 公司：KENNAMETAL 参数：v_c=45m/min；f=0.05mm/r。 留余量：z 向车至 z−0.8mm。

续 表

序号	作业图	加工步骤
10	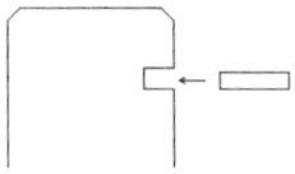	（10）车径向槽 刀杆：RF123E08 2525B 刀片：N123E2-0200-0002-GF1105 公司：SANDVIK 参数：v_c=25m/min；f=0.06~0.10mm/r。 留余量：x 向车至 Φ1119.22mm；z 向下刀尖车至 z-5.8mm。
11	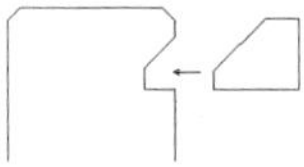	（11）精车径向倒角 刀具：专用 45° 倒角刀 参数：v_c=25m/min；f=0.06~0.10mm/r。 留余量：x 向与径向槽接平即可，z 向保证下倒角上沿尺寸 z-2.18mm。
12	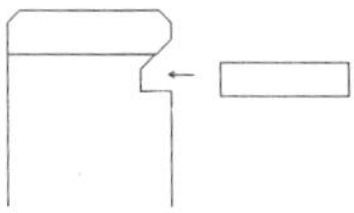	（12）切断 刀杆：RF123G20 3232BM 刀片：N123G3-0300-0003-H13A 公司：SANDVIK 参数：v_c=20m/min；f=0.06~0.10mm/r。 留余量：上刀尖对刀，切断尺寸 z-2.98mm。

2）加工零件时的注意事项

①加工毛料工艺边：先在零件毛料的一端加工工艺边，利用工艺边在夹具上装夹零件毛料。

②针对零件为薄壁件、加工变形大这一特点，采用先粗车、后精车，小切深、大进给、高转速的加工方案，零件在粗加工及半精加工过程中，均匀分配加工余量。

③在粗加工结束后，留出足够的实效时间，以充分释放残留在零件的内应力，使零件在精加工前产生足够的变形，保证精加工后不产生较大的变形，以保证零件的尺寸和形位公差的要求。

④在加工程序中，用增量值进行刀具磨损补偿，精确控制零件的压紧力。

⑤装夹零件时使用限力扳手，精确控制压紧力，保证零件各部位受力均匀，减小工件变形。

⑥加工零件时尽可能减小设备 Z 轴滑枕的伸出长度，减小因滑枕伸出过长造成的变形。

⑦ SL16-1 立车在横梁的第四挡位加工，SL20-1 立车在横梁的第五挡位加工。加工零件时，机床主轴应选择低挡位，以获得较大的扭矩，刀具伸出长度应小于 1.5 倍的刀具厚度。

⑧测量零件尺寸时增加测量点数量，大直径矩形垫圈保持段周长 3768mm（近 4m），要在近 4m 的周长上，保证 2.9735 ± 0.0205mm 是很困难的。测量时必须保证零件端面跳动小于 0.01mm，在全长上测量少于 16 点。

⑨对加工成型的零件进行切断加工，保证 2.975 ± 0.025mm 尺寸合格。

4. 采用粘紧方法返修加工大直径矩形垫圈

由于壁厚 2.975 ± 0.025mm 的尺寸由切断刀切断保证，受到零件材料、机床刚性、刀具材质等因素的影响，有部分零件被切断后，尺寸 2.97 ± 0.025mm 偏厚，用常规方法无法装夹加工。粘紧方法可以将周长 3768mm（近 4m）、直径

1.2m 的较大零件，牢固地粘紧在夹具上，粘紧后的零件可以承受 20N 左右的主切削力，并能保证端面跳动≤ 0.03mm 的要求。

如图 43 所示：

（1）先用丙酮对零件和夹具表面进行清洗，去除油污。

（2）将零件放到夹具上，用 32 个压板将零件压紧，保证零件端面跳动≤ 0.03mm。

（3）在零件内侧涂胶（502 胶）。可根据零件情况进行选择，若涂一层胶需等 20min 后再卸下全部压板，若涂两层胶需等 40min 后再卸下全部压板。

图 43　实物图（1）

（4）将压板卸下开始加工，如图 44 所示。

图 44　实物图（2）

技术参数：a_p=0.03~0.05mm　f=0.14mm/r　n=12r/min　v_c=45m/min。

切削方向：+x 向，加工后的表面效果如图 45 所示。

图 45　实物图（3）

5. 切断刀磨损的控制与利用

在切断加工 GH4169 镍基高温合金过程中，刀具的磨损状态如图 46 所示。

磨损数据：主后刀面磨损 0.2~0.4mm。

副后刀面磨损 1.5~2.5mm。

图 46　刀片磨损状态

结论：在切断加工过程中对零件尺寸 2.975 ± 0.025mm 影响最大的是副后刀面磨损，可采用以下加工方案控制和解决切断 GH4169 镍基高温合金的刀具磨损问题。

（1）切断刀的磨损表现

①在没有刀具磨损补偿、没有引导切刀切入的倒角和 Z 向台阶的情况下，切断刀由外向内切断零件。由于机床受力变形等因素的影响，切断刀上刀尖的磨损大于切刀下刀尖的磨损。零件表现为：内侧较厚，外侧较薄。

②在刀具磨损补偿合理、有引导切刀切入的倒角和 Z 向台阶的情况下，切刀由外向内切断零件。由于合理补偿了机床受力变形等因素的影响，切刀上刀尖的磨损基本等于切刀下刀尖的磨损。零件表现为：内侧、外侧厚度基本一致。

（2）切断刀磨损的控制与利用

在切断加工 GH4169 镍基高温合金过程中，刀具的磨损是不可避免的，但是刀具磨损量的大小是可以控制和利用的。我们可以通过控制切刀上、下刀尖的磨损量，来控制零件内外侧的厚度差异，以保证零件尺寸 2.975 ± 0.025mm 合格。

三、大直径矩形垫圈零件的误差分析及改进措施

1. 误差分析

（1）零件装夹方法不合理，压紧点数量较少。

（2）设备选择不合理，使用的加工设备滑枕间隙较大。

（3）由于零件的加工方式，决定了只能使用3mm或4mm宽的切刀切断保证，刀具刚性较差。

（4）由于零件的材质为GH4169镍基高温合金，属于难加工材料，当切削参数选择不合理时，在刀具加工过程中产生的磨损会更加严重。

（5）使用切刀切断零件时，切入参数选定不合理，引导切刀切入的倒角和Z向台阶尺寸不合理，容易造成切刀在Z向产生上下摆动，使尺寸2.975±0.025mm造成超差。

（6）对刀方式不合理，用切刀切断时，使用下刀尖对刀，因刀片宽度公差较大，故对刀误差较大。

（7）对刀使用的基准面平面度误差较大。

（8）零件尺寸 2.975 ± 0.025mm 无法精确测量。

（9）操作员加工方法不合理，责任心不强。

2. 改进措施

（1）对现有夹具进行维修改造：增加了压紧点数量，压紧点不能少于 16 点。重新制作 10 工序精车外型面夹具——3BWL31-1690，3BWL31-1692。

（2）加工前仔细检查机床精度：主要检查机床的间隙，经实验发现，机床的间隙对切断加工的影响较大。机床各项精度如果没有达到检测标准，就暂时不能用于 FW22442 的加工。检测方法：打表检测。检测标准：反向间隙小于 0.005mm，设备滑枕间隙小于 ± 0.02mm。

（3）重新选定加工用切刀

如图 47 所示，针对零件的形状特点，重新选定了刚性和切削性能更好的切刀，改变了刀片槽形。

图 47　刀具实物（8）

选用车刀：

公司：SANDVIK

刀杆：RF123G20-3232B

刀片：N123G2-0300-0003-TF H13A

（4）刀杆刚性检测

如图 48 所示，加工前仔细检查刀杆刚性。

图 48　刀杆刚性检测

检测标准：刀杆上抬变形小于 0.03mm

检测方法：打表检测

（5）如图 49 所示，加工前检查切刀刀杆安装的直线度误差。

图 49　刀具检测

检测标准：150mm 长　小于 0.05mm

检测方法：打表检测

（6）加工前检查切刀刀杆的定位精度

检测标准：定位精度误差小于 0.02mm

检测方法：用对刀仪检测

后 记

随着航空发动机事业的快速发展，新技术、新工艺、新业态不断重塑对“大国工匠”成长成才的内在需求。多年来，中国航发沈阳黎明航空发动机有限责任公司坚定自觉贯彻落实习近平总书记系列重要指示批示精神，在中国航发党组的坚强领导下，始终心怀“国之大者”，坚决把党中央交给的事办好，坚决把习近平总书记嘱托的事、放在心上的事办好，在中国航发工会联合会的指导下，坚持深入推进产业工人队伍建设改革、广泛开展“为航发尽责、为专项建功”主题劳动竞赛，大力举办职工职业技能运动会，先后培养出多名“大国工匠”、党的二十大代表、全国人大代表等优秀技术技能人才。“届届有劳模，代代有传承”，在公司内形成了尊重劳模、学习劳模、争当劳模的浓厚氛围。

习近平总书记在给公司“李志强班组”职工重要回信中强调，要加快航空发动机自主研制步伐，让中国的飞机用上更加强劲的“中国心”。如果说事业平台是造就“大国工匠”的丰厚沃土，那么精神传承则是“大国工匠”不断涌现的催化剂。每型先进航空发动机的成功问世，都伴随着一代代航发人的接续奋斗和拼搏奉献。中国航发深入实施党建“铸心”工程，既铸航空装备之心，也铸理想信念之心、干事创业之心，航发产业工人的“匠心”连着“铸心”、党员突击队的“初心”，更连着我们航空武器装备的“中国心”。

作为航空发动机科研生产一线的产业工人，我们生逢其时，一定不负重托、勇担使命，把打造更加强劲的“中国心”作为安身立命之本，坚决把党和国家交给我们的事做好。我们必须牢记嘱托，珍惜荣誉、努力学习，在各自的岗位上继续拼搏、再创佳绩，用干劲、闯劲、钻劲鼓舞更多的人，激励广大劳动群众争做新时代的奋斗者。

我们所处的时代是催人奋进的伟大时代，我们投身的事业是很重要很光荣的事业。我们将牢记习近平总书记嘱托，坚定航空报国志向，弘扬劳模精神、劳动精神、工匠精神，加快航空发动机自主研制步伐，为建设航空强国、实现高水平科技自立自强不懈奋斗！

本书是由“洪家光劳模创新工作室”团队联合编写的。强大的作者阵容从源头上保证了本书的特点和质量。在本书的调研、策划、编写过程中，得到来自公司各方面人员的大力支持和帮助。在此表示衷心的感谢！

洪家光

2024 年 7 月

图书在版编目（CIP）数据

洪家光工作法：典型产品车削加工 / 洪家光著.
北京：中国工人出版社, 2024. 10. -- ISBN 978-7
-5008-8523-8

Ⅰ. TG51

中国国家版本馆CIP数据核字第2024ND5640号

洪家光工作法：典型产品车削加工

出 版 人　董　宽
责任编辑　刘广涛
责任校对　张　彦
责任印制　栾征宇
出版发行　中国工人出版社
地　　址　北京市东城区鼓楼外大街45号　邮编：100120
网　　址　http://www.wp-china.com
电　　话　（010）62005043（总编室）
　　　　　（010）62005039（印制管理中心）
　　　　　（010）62379038（职工教育编辑室）
发行热线　（010）82029051　62383056
经　　销　各地书店
印　　刷　北京市密东印刷有限公司
开　　本　787毫米×1092毫米　1/32
印　　张　3.75
字　　数　45千字
版　　次　2024年12月第1版　2024年12月第1次印刷
定　　价　28.00元

优秀技术工人百工百法丛书

第一辑　机械冶金建材卷

优秀技术工人百工百法丛书

第二辑　海员建设卷

优秀技术工人百工百法丛书

第三辑　能源化学地质卷

100 ARTISANS AND 100
TECHNIQUES SERIES
孙同根
工作法
S Zorb 装置
优化

100 ARTISANS AND 100
TECHNIQUES SERIES
王月鹏
工作法
基于绝缘平台的
绝缘杆作业法

100 ARTISANS AND 100
TECHNIQUES SERIES
王跃
工作法
滴定分析的
判断与控制

100 ARTISANS AND 100
TECHNIQUES SERIES
杨新海
工作法
车载移动测量技术
在实景三维成果
质量检验中的应用

100 ARTISANS AND 100
TECHNIQUES SERIES
杨义兴
工作法
油田修井现场
清洁生产
技术应用

100 ARTISANS AND 100
TECHNIQUES SERIES
游弋
工作法
煤矿供电系统
防晃电
设计与应用

100 ARTISANS AND 100
TECHNIQUES SERIES
余姝
工作法
高陡峡谷区
地质灾害调勘查